Collège Expérimental
d'Aviculture
de Château-Thierry

Château de Blesmes

Cours Complet
par correspondance

Dix-Neuvième Leçon

Collège Expérimental d'Aviculture de Château-Thierry

Château de Blesmes

Cours Complet

par correspondance

Dix-Neu vième Leçon

L'Aviculture Familiale
et l'Aviculture Fermière

L'Aviculture Familiale

I L ne s'agit plus ici d'établissements industriels, destinés à être de grand rapport et nécessitant des capitaux assez importants.

Nous ne parlerons que du poulailler de chacun, depuis l'installation de 5 ou 10 poules du citadin, jusqu'à la basse-cour de 100 pondeuses du châtelain. Aucun emplacement partictulier à prévoir puisqu'ici la maison d'habitation n'est pas une annexe de l'établissement avicole : celui-ci, au contraire, n'est qu'un agrément et une source de profit pour la maison de ville comme pour celle des champs.

L'aviculture familiale est un agrément : c'est un délassement et un attrait de voir vivre ces charmants animaux, de surprendre leurs mouvements, de les entretenir en production et en bonne santé. Il n'en coûte pas beaucoup plus d'avoir un poulailler élégant, quoique restant dans le domaine pratique, qu'un autre sans caractère. Enfin ces choses nouvelles meublent l'esprit, font des sujets de conversation intéressants, des buts d'entretien comme de promenade.

L'aviculture familiale est aussi — et c'est bien ainsi que nous le comprenons — une source de profits : profits pour la table, pour la santé, pour la bourse.

Profit pour la table : si vous possédez des poules, de bonnes poules pondeuses, vous aurez toujours sous la main des œufs sans lesquels on ne peut faire de bonne cuisine variée, d'excellents poulets, des poulets de votre élevage... Vous aurez toujours le mets supplémentaire pour la visite annoncée, le plat vite confectionné pour un retour tardif de promenade.

Profit pour la santé : car non seulement vous pourrez manger des œufs, mais des *œufs frais*, c'est-à-dire n'ayant encore subi aucune altération, aucune fermentation, des œufs absolument sains, de goût exquis, que vous pouvez consommer crus sans aucune crainte. Meilleurs au goût, ces œufs sont plus digestes et plus nourrissants : leur composition chimique est inchangée et leur valeur nutritive au maximum. Songez qu'un œuf de trois semaines — et combien en consomme-t-on ! — n'a plus guère comme valeur alimentaire, que la moitié de celle de l'œuf frais.

Profit pour la bourse : car nous considérons qu'un œuf ne coûte au producteur qui doit tout acheter pour nourrir ses volailles que 0 fr. 20 en moyenne, tandis que vous le payez 0 fr. 35 en été, 1 franc en hiver ! Et puis, si une exploitation peut abaisser le prix de revient de l'œuf, c'est bien l'exploitation familiale qui a toujours — en proportion du nombre de personnes composant la famille, c'est-à-dire en rapport avec le nombre d'œufs nécessaires — restes de pain, légumes, de viande utilisables et... excellents.

Mais pourquoi commencer cette exploitation si l'on ne sait comment s'y prendre pour en retirer de l'agrément (volailles saines, alertes, robustes) et du profit (œufs abondants, poulets à chair succulente, produits à bon compte).

Certes, les leçons précédentes suffiraient à orienter vos conceptions. Ce que nous vous dirons ici, l'aurez-vous sans doute deviné ? Mais, dans tous les cas, la confirmation de vos idées ne fera que les raffermir...

LE CHOIX D'UNE RACE

Ferez-vous passer le profit avant l'agréable ou bien cherche-rez-vous à associer en harmonie ces deux facteurs ? Dans le premier cas vous ne rechercherez sans doute que l'œuf de consommation et alors nous vous conseillons la Leghorn si vous avez trop peu de place pour tenir des poulets chair en croissance, la Wyandotte dans le second cas, car la Wyandotte vous donnera d'excellents poulets... Mais si vous voulez vous offrir le luxe d'avoir moins d'œufs en hiver et des volailles de race française, la turbulente Bresse, si alerte dans son manteau étroit de marocain noir et coiffée d'un coquelicot, la Bourbonnaise, plus mûre, plus étoffée, plus calme, rayant d'un collier sombre ses formes arrondies ; la Gâtinaise, jeune mariée robuste et resplendissante, vous invitent à leur donner vos soins. Si elles ne peuvent vous procurer des œufs en très grande abondance, du moins ont-elles leur chair tendre, délicate, juteuse, et elles vous l'offrent magnifiquement. Ce sont des volailles françaises ; elles possèdent avec un parfait équilibre les qualités que vous pouvez leur demander.

SNOBISME ET BLUFF

Lorsque vous vous serez fixé l'objet exact de votre spéculation et que vous aurez fait choix d'une race, il vous restera à envisager le peuplement de votre basse-cour et son renouvellement partiel annuel.

Ici c'est encore du nouveau que nous vous conseillons.

Comment procède-t-on jusqu'à maintenant et quelles sont les ambitions de beaucoup de personnes désirant posséder ou ne possédant que quelques poules ?

Le procédé du peuplement le plus admis est l'achat d'un parquet de poulettes de grande origine, que l'on paie évidemment fort cher. Ce parquet une fois constitué, on fait des incubations au moyen de poules couveuses ou à l'aide d'un petit incubateur artificiel. Les résultats que l'on obtient sont généralement insuffisants : parce que les poules ne demandent à couver que lorsqu'il leur plaît et que, pour l'incubation artificielle, le choix des œufs ne peut se faire d'une façon rationnelle, ceux-ci n'étant pas en assez grand nombre. Des échecs, très nombreux, sont constatés. Chacun espère faire mieux la prochaine fois et toujours les mêmes insuccès se répètent. Les parquets de reproducteurs ne sont pas assez nombreux pour que l'on puisse maintenir une haute fécondité et la vigueur nécessaire ; bientôt les sujets s'appauvrissent et la ponte diminue considérablement. Les frais de première installation, trop élevés, enlèvent toute initiative nouvelle et l'on s'aperçoit que l'on fait du *sport* au lieu de faire de l'*utilité*. La base de départ, tant conseillée par des personnes n'ayant jamais tenté l'expérience et qui en raisonnent d'une façon absolument fausse — car ici plus qu'ailleurs il faut être bon praticien pour pouvoir raisonner de ces choses — a été mauvaise.

Il est certes intéressant de faire des incubations et de montrer à ses amis la couveuse artificielle que l'on s'est procurée. Il est intéressant de faire visiter sa basse-cour et de dire : voilà mes pondeuses ; là ce sont mes reproducteurs, etc...

Mais si cela n'a pour effet que d'abaisser les moyennes de ponte à 110 ou 120 œufs, si cela ne procure que de l'agrément en attendant de devoir donner du découragement, c'est du sport, du pur sport.

Disons — et vous l'entendrez sans vous froisser — que c'est une question de mode ; qu'il ne s'agit là que d'un snobisme adroitement exploité.

On ne vous a fait entrevoir que les côtés agréables de la chose, mais vous ne tarderez pas à en percevoir, et avec quelle acuité, les côtés désagréables. Les nids-trappes (car l'erreur ou plutôt la mode veut que l'on ait des nids-trappes lorsque l'on a 10 ou 50 poules ! !) sont un assujettissement dont vous n'avez pas idée si vous n'en usez pas encore d'une façon continue. Adieu promenades, voyages ! Il vous faut faire vos nids-trappes ou bien ce n'est pas la peine d'en avoir ! Vous avez l'œil fixé sur la pendule : et si vous êtes en train de confectionner une sauce, de recevoir une visite, tant pis, l'heure est arrivée et il vous faut aller à vos nids-trappes pour la relève ! Et si vous remettez à plus tard... si vous arrêtez quelques jours... ou quelques mois... à quoi votre travail de contrôle vous sert-il ?

Et si vous vous reposez de ce soin sur un domestique de confiance (non sur un professionnel attaché à votre établissement, puisque vous n'avez qu'une petite basse-cour) croyez bien que les mêmes ennuis arriveront : c'est la messe du dimanche matin, c'est l'après-midi du même jour, le repos hebdomadaire, etc... Que de travail, en outre, pour un *si petit résultat*. Car, en admettant, ce qui est fort possible, du moins au début, que votre contrôle de ponte soit fait d'une façon consciencieuse, à quoi cela vous sert-il de savoir que telle poule a donné 225 œufs dans sa première année, *puisque vous ne pouvez tirer parti de cette constatation* ? Vous. n'en pouvez tirer parti, sans aucun doute et contrairement à ce que vous en pensez peut-être, car vous n'avez pas les multiples parquets de reproducteurs nécessaires à la constitution d'un sang vigoureux ayant plusieurs origines différentes ; vous ne pouvez en tirer parti parce que vous croyez, ce qui est faux, que les fils et les filles de cette pondeuse exceptionnelle ressembleront à leur mère et amélioreront votre troupeau, alors que la consanguinité étroite que vous êtes obligés de pratiquer affaiblira votre sang et vous donnera des poussins faibles, impossible à élever. Vous combattrez la consanguinité par l'apport de sang étranger, direz-vous. Mais vous savez que l'apport de sang étranger, brutal, non préparé, est une faute, car les résultats qu'il donne sont parfois diamétralement opposés à ceux que vous cherchez. On vous a bien dit que c'est à l'élevage où vous avez acquis votre souche de volailles que vous devez vous adresser pour l'achat de reproducteurs nouveaux. Mais dans le cas qui nous occupe ici — la basse-cour familiale — allez-vous dépenser tous les deux ans, une somme respectable à l'achat de coqs que vous ne pourrez pas éprouver et qui peuvent par conséquent ne rien valoir ? Où serait votre bénéfice si vous agissiez ainsi ?

Les résultats que vous obtiendriez seraient peut-être un peu meilleurs que si vous teniez rationnellement des poules communes ; mais ils seraient certainement insuffisants vu les frais qu'une basse-cour moderne impose.

C'est d'une autre façon qu'il faut vous orienter.

Que désirez-vous ? Fabriquer le produit : œufs, poulet, afin de les avoir frais, bons, et à bas prix.

Que fait le marchand de toile ? fait-il pousser le lin ? le travaille-t-il ? fabrique-t-il le fil ? Non. Il y a longtemps que l'on s'est aperçu que, dans l'industrie, il faut être spécialisé. Seuls, les peuples encore barbares ne le sont pas. Nous avons vu des indigènes tisser le chanvre par eux récolté. Dites-moi, pourraient-ils, chez nous, en France et dans les pays civilisés, faire du bénéfice, vivre même, avec des procédés aussi rudimentaires ? Poser la question est certainement la résoudre.

Nous pouvons établir la même comparaison entre ce procédé

de fabrication d'une toile rudimentaire et la constitution d'un poulailler familial de rapport. Nous vous avons fait toucher du doigt la difficulté de création de bonnes lignées, la difficulté **de les** maintenir excellentes. Vous avez compris quel attirail de matériel, quelles sommes de connaissances et de travail sont nécessaires pour mener cette tâche à bonne fin. Vous pouvez par conséquent comprendre que tout est sport dans l'exploitation familiale lorsqu'elle est comprise comme tant de néophytes la comprennent aujourd'hui et que tout est bluff dans les affirmations des personnes qui prétendent avoir amené et conservé leur production à un haut degré sans installation industrielle ou sans lourdes pertes d'argent.

Il nous faut donc rechercher une forme d'exploitation de rapport qui permette à son propriétaire de faire moins de dépense, de se passer de grands terrains, d'avoir constamment des volailles de haute production et d'abaisser le prix de revient de ses produits.

LA BASSE-COUR DE CHACUN

La basse-cour de chacun doit être une réduction de la ferme industrielle d'œufs de consommation, avec cette différence qu'un parquet ou deux doivent être aménagés pour les poulets de table.

Si le terrain (cour, coin de jardin) est trop exigu, on se trouvera bien de ne faire que de l'œuf et d'acheter les poulets nécessaires à la consommation familiale.

Si le terrain est suffisamment grand, on pourra avoir des parcours plus vastes, des poulaillers abritant une plus grande population et un logement supplémentaire pour les poulets de consommation d'arrière-saison.

Dans tous les cas, la base de départ est l'achat annuel d'un certain nombre de poussins d'un jour, dans un établissement faisant sa sélection d'après les méthodes scientifiques. L'achat d'œufs à couver est trop aléatoire, l'achat de poulettes souvent trop onéreux. Cependant, nous conseillons, la première année, l'achat de poulettes de 3, 4, 5 mois, car vous devez commencer par le travail le plus facile, l'apprentissage le moins compliqué, au prix d'une diminution de profit.

Les poussins d'un jour sont élevés *en une seule fois*. Ils grandissent autant que possible là où vous les avez mis d'abord. A 3 mois, vous séparez les coquelets des poulettes.

Le matériel nécessaire est ainsi assez réduit : une éleveuse ouverte dont la capacité correspond au nombre de poussins et dont le mode de chauffage ou l'intensité possible de chauffage est en rapport avec la saison, un poulailler pour l'abriter si vous n'avez pas de bâtiments existants pouvant être utilisés.

De la naissance à deux mois, il faut compter sur 1 mètre carré de terrain (parquet) par poussin.

Si vous ne pouvez accorder à vos coquelets un parcours et un poulailler spécial, vendez-les à 3 mois ; mais auparavant chaponnez-en quelques-uns que vous laisserez avec vos poulettes.

Comptez 12 mètres carrés de terrain (parquet) par *sujet* en croissance. 10 mètres au minimum. Vous pourrez, dans le poulailler, mettre jusqu'à 15 sujets en croissance par mètre carré couvert, car les volailles à cet âge sont toujours dehors et n'ont besoin que d'un dortoir parfaitement sec et ventilé.

Votre poulailler de ponte contiendra 3 ou 4 sujets au mètre carré couvert si vous faites de la claustration en hiver, le double si vos sujets ont complète liberté. La Wyandotte ne souffre pas de l'humidité comme la Leghorn, en hiver elle donne en liberté des résultats presque aussi bons qu'en claustration, aussi pourriez-vous faire une économie dans la construction du poulailler en le faisant plus petit et en choisissant la Wyandotte... Mais si le terrain dont vous disposez est exigu, ce qui est souvent le cas, *n'accordez-en le parcours qu'aux seuls sujets en croissance et tenez les pondeuses enfermées constamment.*

Si au contraire votre terrain est grand, vous pourrez avoir un autre poulailler dans lequel vous logerez les coquelets nécessaires à votre consommation. Ces coquelets sont excellents jusqu'à l'âge de 6, 8, 10 mois s'ils sont tenus à l'écart des poules, c'est-à-dire que si vous les faites naître en février ou en mars, vous pourrez goûter tous leurs avantages jusqu'en décembre. Mais si vous désirez en consommer jusqu'à ce que ceux de l'année suivante soient mangeables, c'est-à-dire jusqu'à ce qu'ils prennent 4 à 5 mois (soit en juillet) usez du chaponage qui est ici tout indiqué, et élevez une autre petite bande en août-septembre : poulettes et coquelets serviront à votre consommation de janvier à juin. Les sujets destinés à la consommation s'accordent bien de 8 m2 de terrain par tête *en parquets doubles.*

En résumé :

1° Si vous ne disposez que d'un terrain de 15 m. $\times$ 15 m.

soit 225 m2, ayez deux bâtiments : l'un de 2 m. 50 $\times$ 2 m. pour l'élevage. Achetez 50 poussins dont vous tirerez au moins 20 poulettes. Une petite éleveuse ronde sera mise dans le poulailler d'élevage. Votre poulailler de ponte aura environ 9 m2 soit 3 m. $\times$ 3 m. ou mieux 5 m. $\times$ 2 m. La deuxième année vous n'achetez que 30 poussins car vous aurez conservé pour la ponte de deuxième année 7 à 8 des pondeuses de première année. Vous aurez ainsi chaque année une trentaine de sujets de consommation, tant poulets que poules réformées.

Remarquez que vous pourrez en consommer une grande partie (poules réformées) au fur et à mesure de la cessation de leur ponte.

2° Vous disposez de 500 mètres carrés ? Faites le double de pondeuses de la même façon, ou bien conservez vos coquelets et chapons, pour votre consommation, ou bien ne tenez pas les pondeuses constamment enfermées.

3° Suivant l'étendue du terrain dont vous disposez, étendez cette organisation d'après vos goûts et vos besoins. Si l'Etablissement auquel vous achetez les poussins d'un jour est sérieux, comptez sur une moyenne de ponte de 175 à 200 œufs par an et par tête avec les Leghorns et les Wyandottes, de 150 avec les Bresses, de 120 à 130 avec les Faverolles, Bourbonnaises et Gâtinaises.

NOURRITURES ET SOINS

Ce sont les mêmes que ceux des établissements industriels, l'élevage du poussin n'en diffère pas dans ses lignes essentielles ; la nourriture qui convient aux uns convient aux autres. Combinez l'emploi des mashs secs, en permanence devant Leghorns et Bresses, après 11 heures du matin pour les autres races, et donnez, si vous le voulez, de la pâtée légèrement humectée une fois par jour, chaude en hiver. Employez les débris de cuisine : pain, restes de viande, légumes, sauces, le tout passé au hachoir et trituré dans du son, du rebulet, du maïs broyé et un peu de farine de poisson ou de viande. Veillez à ce que les sujets aient chaque jour un copieux repas de verdures, que la boisson ne soit ni chaude ni froide, qu'elle soit pure et saine, que la propreté et l'hygiène les plus méticuleuses règnent dans toute votre affaire et que les parasites soient inconnus.

N'omettez pas de relever le nombre d'œufs récoltés chaque jour afin de pouvoir calculer votre moyenne de ponte. Eliminez les non pondeuses suivant les méthodes que nous vous avons données et laissez l'usage des nids-trappes aux professionnels. Enfin employez la lumière artificielle.

Vous ne pouvez manquer ainsi d'avoir beaucoup d'agrément, une nourriture saine toujours prête, un très gros profit.

L'Aviculture Fermière

GENERALITES

Malgré l'essor que l'aviculture a pris ces dernières années, il ne semble pas qu'à la ferme les méthodes routinières aient fait place à des procédés plus modernes.

Comme toujours, à de rares exceptions près, les volailles communes, c'est-à-dire hétéroclites et sans race définie, sont logées dans un réduit le plus étroit, le plus sombre possible. L'aération est inconnue, la désinfection est ignorée. Les poules perchant sur des sortes d'échelles déposent leurs fientes sur le sol. Ces fientes restent là un mois, 6 mois, un an parfois. Les poux, les puces, etc., sont légion. Les pondoirs éternellement sales. On y met un peu de paille de temps en temps sur le tapis d'acares de toutes sortes qui en tapissent le fond.

Comme parcours, la cour de la ferme, les hangars où elles salissent les voitures, les harnais, les instruments, les écuries et les étables, les fenils où elles pondent, couvent, à leur guise.

Quand la saison chaude est arrivée et que l'une d'entre-elle veut couver, on lui donne des œufs : c'est à peu près tous les soins que la couveuse reçoit. Les poussins sont élevés dans une pièce qui souvent est le fournil, pendant quelques jours, où on leur donne du pain trempé dans du lait et du blé entier. Puis on les envoie à la cour, où ils picorent cet aliment de « choix », grand dispensateur de maladies, qu'est le fumier et les détritus qu'il contient ; les petits s'épuisent à manger les moucherons et à boire le purin. Sur 10 poules qu'une fermière met à couver, combien en élève-t-elle de poussins ? Pas 50 en moyenne ! Dans les fermes mieux tenues, le travail est un peu meilleur : les fientes du poulailler sont enlevées plus souvent et le pavé lavé ; les poules couveuses et les poussins sont mieux soignés quoique les procédés restent au fond les mêmes. Mais *partout* la fermière est parfaitement incapable de dire : J'ai tant de poules ! A plus forte raison : J'en ai tant nées en telle année et tant en telle autre année. Aucune fermière (ou peu) ne peut donner le nombre moyen d'œufs produits en un an par son troupeau, aucune ne peut dire : J'ai du bénéfice à tenir des poules. Elle ne saurait dire que la majeure partie de ses œufs n'est pas soustraite par les domestiques, les fauves, etc.

Les poulets, les pondeuses, les reproductrices, les coqs, les coquelets, les poulets pour la table, tout cela vit pêle-mêle, à la même alimentation, ou plutôt est soumis à la même absence de méthode alimentaire.

Donc, aucune organisation, aucun effort ; ne nous étonnons donc pas si le nombre d'œufs récoltés dans les fermes *n'atteint* pas 100 par pondeuse, si la perte réelle subie est énorme, si toutes les basses-cours ou presque sont atteintes de maladies. Nous avons pu notamment nous rendre compte que la diphtérie existe sous une forme assez bénigne, il est vrai, mais *permanente* dans un très grand nombre de fermes.

A côté de cet état de choses, lamentable, il faut l'avouer, des personnes font un certain effort, pour mieux tenir la volaille. Mais ces efforts ne sont ni suffisants ni organisés.

Certes, s'il s'agissait de porcs ou de vaches, les sacrifices nécessaires seraient bientôt consentis ! Mais on ne croit pas au bénéfice donné par la volaille. Pourquoi n'y croit-on pas ? Par ignorance, par dédain pour de si petits animaux, parce qu'il faudrait faire quelques petites dépenses d'amélioration et que l'on veut éviter d'y songer ; parce que les cracks inavoués mais bien connus des établissements d'aviculture mal installés ou mal conduits rendent encore plus prudents des gens si habitués à la circonspection.

Nous croyons donc bien faire, dans cette leçon, en montrant aux cultivateurs comment nous concevons l'aviculture à la ferme et comment, petit à petit, on peut monter une basse-cour de rapport. En même temps nous leur montrerons les dangers qu'il y aurait à imiter les établissements spécialisés.

COMMENT NOUS CONCEVONS L'AVICULTURE

A LA FERME

Etudions les points suivants :

Marche générale de l'exploitation, Race, Logements et Parcours, Peuplement, Alimentation, Eliminations, Vente, le Personnel.

MARCHE GENERALE DE L'EXPLOITATION

Il est bien évident que les personnes qui désireraient installer à la ferme — ou ailleurs bien entendu — un établissement simple, ordonné, ne demandant ni grands capitaux ni grande main-d'œuvre, et cependant donnant de gros profits, établissement tenant le milieu entre l'exploitation familiale et l'exploitation industrielle, il est bien évident que ces personnes, disons-nous, doivent commencer par étudier la première leçon de notre Cours et ne pas en manquer une avant d'aborder celle-ci. Nous n'avons pas la prétention de recommencer un cours spécial pour le fermier comme nous ne l'avons pas fait pour l'aviculture familiale, mais uniquement de l'aider à faire un choix dans tout ce que nous lui avons dit.

Le cultivateur peut-il mener scientifiquement sa sélection ? Le fait-il pour ses chevaux, ses bovins, ses porcs, ses semences ? Non. Il est tributaire des stations de Haras, des Fermes de sélection proprement dites, et ce, pour une question de savoir (il n'est généralement pas assez connaisseur) et pour une question pécuniaire (les meilleurs reproducteurs coûtent trop cher).

Peut-il mener scientifiquement la sélection de ses volailles ? Reportez-vous à la 16e leçon et répondez catégoriquement avec nous : Non. Peut-il cependant améliorer ses sujets ? Là nous disons oui, s'il le veut et s'il est secondé par certains facteurs. Mais alors sous une forme différente de celle employée par l'établissement créateur de lignées de pondeuses bien entendu. Les résultats qu'il obtiendra seront nettements inférieurs à ceux obtenus par l'établissement spécialisé, et le rendement entier de sa basse-cour en souffrira fatalement. Pour vous en convaincre, causez avec les cultivateurs, demandez-leur combien de temps il leur faut pour monter par exemple une bonne vacherie où tous les animaux seront grands producteurs de lait, grands producteurs de beurre, et bons reproducteurs. Ils vous répondront que l'on commence à avoir une vacherie bien montée lorsque l'on est plus d'âge à en profiter. En ce qui concerne les volailles, la sélection va plus vite... ou plus lentement. Chaque reproducteur, chaque reproductrice peut donner naissance à un nombre infiniment plus grand de descendants ; mais il n'en reste pas moins vrai que cette sélection devient de ce fait infiniment plus compliquée et qu'elle nécessite un outillage et des soins en rapport avec ce nombre de descendants : En effet, admettons que le cultivateur emploie les nids-trappes, connaisse ses meilleures pondeuses et veuille les mettre en reproduction, il ne pourra guère le faire que dans un parquet contenant toutes ses reproductrices, avec plusieurs coqs, et les pédigrées sont alors impossible à établir.

Au contraire, si ce cultivateur, au lieu de produire ainsi ses œufs à couver lui-même, achète tous les 3 ans ses poussins d'un jour (pendant un laps de temps de 3 années, il pourra sans danger tenir des reproductrices en consanguinité étroite avec les coquelets fils ou père de ces poules, sans grand abaissement de ponte), il renouvellera son sang totalement et introduira chaque fois des sujets ayant le maximum de sélection possible, lui donnant par conséquent, le maximum de bénéfice.

Voilà le procédé par lequel le cultivateur pourra gagner de l'argent. C'est également celui qui réduira ses frais d'installation et lui *coûtera le moins* : Pour fixer les idées, prenons un départ en 1926 :

1926 achat de poussins ;

1927 —   —   au même établissement, quelques coquelets conservés ;

1928 mise   en reproduction des poules de 1926 ayant pondu les premières au début de la saison (automne 1926) et les dernières (automne 1927) avec les coquelets conservés de 1927 ;

1929 achat de poussins (comme en 1926 — le cycle recommence).

Ainsi les accouplements opérés chez le cultivateur ne sont considérés que comme « croisements industriels », c'est-à-dire que leurs produits ne sont pas mis en reproduction. Nous verrons que ce procédé ne demande aucun poulailler supplémentaire mais qu'il exige une ou deux couveuses artificielles. A dire vrai, nous ne le conseillons pas : Nous préférons de beaucoup *l'achat direct et répété chaque année, de poussins de un jour,* qui ne demandent pas plus de matériel. Si ce procédé était répandu, et il faut souhaiter qu'il le soit, le pays se couvrirait certainement d'établissements de sélection doublés de couvoirs industriels. L'aviculture serait alors spécialisée et très prospère. Les cultivateurs feraient 200 œufs en moyenne par tête de pondeuse et les industriels gagneraient eux aussi plus d'argent : Nous pensons donc qu'aviculteurs et fermiers nous soutiendront de leur appui moral afin que très prochainement l'aviculture prenne, aux avantages de tous, le développement merveilleux qu'elle est en droit d'attendre. Nos idées sont neuves pour vous, nous le savons, mais chez nous plus que dans les pays où elles sont appliquées, ces méthodes seront productives, car c'est chez nous que la main-d'œuvre devient de plus en plus chère. Croyez bien que vous pourrez trouver d'excellents poussins, provenant d'excellentes lignées, à des prix intéressants.

Ainsi comprise, l'aviculture à la ferme ressemble beaucoup, toutes proportions gardées, à l'établissement spécialisé producteur d'œufs de consommation. Mais la question de la race peut ici, être différente, car c'est la ferme qui alimente en majeure partie les tables en poulets de consommation. Est-ce un bien, est-ce un mal ? Nous pensons que c'est un mal. Car les quelques francs de profit supplémentaires réalisés par la vente d'un plus gros poulet ou d'une volaille plus présentable ne compensent pas les 10 ou les 20 francs ou plus que l'on perd sur chaque tête de pondeuse en tenant des races peu productives. L'idéal serait que nos races françaises, de chair si agréable, fussent sélectionnées afin qu'elles deviennent pour la ponte les égales des races étrangères. Quand ce moment sera venu, nous gagnerons de l'argent des deux mains.

Mais il semble naturel que la ferme doive tirer le meilleur parti possible des volailles de consommation. Nous ne devons cependant pas oublier que pour l'engraissement et le plumage il faut une main-d'œuvre qui est, depuis 4 ou 5 années, très difficile ou impossible à trouver. Si nous demandons à la fermière qui est si absorbée par ses multiples travaux, de faire plus, nous pouvons être sûr que nous n'obtiendrons rien d'elle. Connaissent étrangement mal le métier de cultivateur, comme d'ailleurs celui d'aviculteur, les personnes qui conseillent... le nid-trappe aux fermières !!!

La ferme doit laisser aux spécialistes les choses spécialisées.

Et nous plaçons au nombre des choses spécialisées la production des lignées de grandes pondeuses ainsi que celle du beau poulet de table. Des œufs et des poulets de grain, produits le plus économiquement et avec le moins de main-d'œuvre possible, voilà ce que nous voulons que la ferme produise *pour qu'elle y gagne, enfin, de l'argent,* pour l'avenir de l'aviculture.

On nous objectera que les établissements de sélection vendant des poussins à des prix abordables pour la ferme sont rares. Mais que l'on sache bien que c'est la rareté de la demande qui fait la cherté de l'offre, contrairement aux constatations faites pour une industrie bien assise !

On nous dira aussi qu'il n'y a pas de couvoir spécialisé partout. A cela, nous répondrons : 1° Que les moyens de transports sont assez rapides pour permettre aux poussins nouveaux-nés des voyages de 48 heures et plus ; et *que le besoin et l'esprit d'imitation* feront que de tels établissements se créeront d'eux-mêmes partout où ce sera utile.

SIMPLIFICATIONS

A la ferme on devra rechercher le maximum de simplifications. Mais la marche générale de l'Elevage, la tenue des pondeuses, procédant des règles précises dûment établies seront conservées.

Bâtiments. — Une salle d'élevage, de 3 m. $\times$ 7 m. divisée en salle chaude et salle froide. La ferme a intérêt à faire des incubations très précoces afin de vendre les poulets un fort prix.

Un seul poulailler de ponte où les volailles seront claustrées en hiver et en liberté en été. Un repas éclairé sera donné chaque soir. La fermière devra éliminer les pondeuses au fur et à mesure de la cessation de la ponte.

Ainsi comprise, l'aviculture fermière ne sera certes pas une conséquence du snobisme ruineux tant vanté, mais un outil, un instrument de travail et de profit.

QUESTIONNAIRE

Exposez les directives présidant à la tenue d'un troupeau familial de 20 pondeuses et d'un troupeau fermier de 200 pondeuses.

www.ingramcontent.com/pod-product-compliance
Lightning Source LLC
LaVergne TN
LVHW010815180726
843502LV00009B/3335